Nabod Adar
— drwy lygad camera

Ffotograffydd: Nick Williams
Addasiad: Dewi E. Lewis

GWASG Carreg Gwalch

Lluniau'r clawr blaen (yn cychwyn o'r chwith uchaf): Alarch Dof, Titw Tomos Las, Gwylan Benddu, Llinos Werdd, Cudyll Coch, Robin Goch.

Llun wynebddalen: Alarch Dof gyda'i chywion.

Lluniau tudalen gynnwys (yn cychwyn gyda'r uchod): Bronfraith, Ysgrech y Coed, Nico, Cudyll Coch.

Golygydd: Anna Girling
Cynllunydd: Loraine Hayes

Cydnabyddiaeth Lluniau
Y ffotograffau i gyd gan Nick Williams oni bai am: P. Castell 12 (llun bach), 22 (gwaelod), 29 (gwaelod); T. Mason 39 (gwaelod chwith), 40 (chwith uchaf); I. Olsen 38 (gwaelod de). Gwaith celf ar dudalen 44 gan Nick Hawken.

Cyhoeddwyd gyntaf yn Saesneg gan Wayland (Publishers) Ltd.

ⓑ Cyhoeddiad Saesneg — Wayland (Publishers) Ltd 1992

ⓑ y testun a'r lluniau: Nick Williams

Cyhoeddwyd yn y Gymraeg gan Wasg Carreg Gwalch Llanrwst, 1995. Cedwir pob hawl.

Yr addasiad Cymraeg gan Dewi E. Lewis.

Rhif Llyfr Safonol Rhyngwladol: 0-86381-324-0

Argraffwyd a rhwymwyd yn yr Eidal gan G. Canale a C.S.p.A., Turin a chyhoeddwyd gan Wasg Carreg Gwalch, 12 Iard yr Orsaf, Llanrwst, Gwynedd LL26 0EH. ☎ 01492 642031.

Cynnwys

Rhagarweiniad 4

Yr adar mwyaf cyffredin 6-37

Rhai adar llai cyffredin 38-41

Denu adar i`ch gardd 42

Gwneud blwch nythu 44

Cyfri Adar 45

Geirfa 46

Llyfrau i`w darllen 47

Beth am ddarganfod mwy am adar 47

Mynegai 48

Rhagarweiniad

Mae yna tua 250 o wahanol rywogaethau o adar i'w gweld yng Nghymru. Maen nhw'n amrywio o adar cyffredin fel aderyn y to sy'n gyfarwydd i'r rhan fwyaf ohonom, i adar llai niferus fel y barcud. Erbyn hyn fodd bynnag, o ganlyniad i gadwraeth gofalus, mae'r aderyn hwn wedi dechrau adennill ei dir. Yn ddiweddar cofnodwyd bod dros gant o barau yn nythu yn y canolbarth o'i gymharu â dim ond 10 pâr oedd ar gael yn 1907.

Yn y llyfr yma, cawn gipolwg ar 50 o'r adar mwyaf cyffredin yng Nghymru. Gallwch ddod o hyd i'r cyfan ohonynt heb fawr o drafferth.

Fe welwch trwy wylio'r adar bod gwahanol gynefinoedd yn denu gwahanol rywogaethau. Mae adar fel aderyn y to, drudwen a'r fwyalchen er enghraifft i'w gweld yn gyson mewn trefi yn ogystal ag allan yn y wlad. Ar y llaw arall, rydych yn fwy tebygol o weld telor y cnau a'r gnocell fraith fwyaf mewn gerddi mawr neu mewn coedwigoedd. Os ydych am weld gwylan y penwaig neu bioden y môr, wedyn bydd yn rhaid i chi fentro yn nes i'r arfordir neu'r aberoedd.

Cofiwch mai dim ond ar adegau arbennig o'r flwyddyn y bydd rhai o'r adar i'w gweld. Ymwelwyr yr haf yw'r wennol a gwennol y bondo. Pryfed yw eu prif fwyd, ac felly, yn y gaeaf, pan fydd cyflenwad yn brin byddent yn mudo i'r Affrig.

Y mae sylwi ar faint, siap, lliw ac ymddygiad aderyn yn holl bwysig

Isod: gwybedog mannog, ymwelydd yr haf o ddeheudir yr Affrig.

Isod: ceiliog y ji-binc, ymwelydd cyffredin i'n gerddi yn enwedig yn ystod y gaeaf.

4

wrth geisio dod i adnabod y gwahanol rywogaethau. Gallwch hefyd wrando ar eu cân. Yn wir dyma`r ffordd orau o wahaniaethu rhwng y siff-saff a thelor yr helyg.

Mae`n syniad da cadw dyddiadur adar neu lyfr nodiadau yn cofnodi manylion fel rhywogaeth yr adar, y nifer a welwyd gennych, eu hymddygiad, math o gân ac yn y blaen. Efallai y gallwch dynnu brasluniau ohonynt yn ogystal.

Gobeithio y bydd y llyfr hwn o gymorth i'r rhai sydd am feithrin diddordeb mewn adar un ai gartref, neu yn yr ysgol. Gall gwylio ac astudio adar fod yn hobi diddorol a phleserus dros ben.

Uchod: alarch dof, un o adar mwyaf adnabyddus Cymru.

De: robin goch, yn canu yn y gwanwyn.

Isod: gwylanod penddu yn y gaeaf.

Aderyn y To 14.5 cm

Dyma un o'r adar mwyaf cyffredin — fe'i gwelir ym mhob rhan o Gymru. Brown yw lliw yr iâr tra bo'r ceiliog yn aderyn mwy deniadol. Mae iddo ben llwyd, tagell ddu, cefn brown a bar gwyn ar ei adenydd.

Mae aderyn y to yn hoff iawn o wneud ei nyth yng nghyffiniau tai, gan adeiladu mewn twll o dan y bondo, neu mewn eiddew. Ei dymor nythu yw rhwng mis Chwefror a mis Mai. Bydd yn dodwy rhwng tri a phump o wyau ac weithiau ceir cymaint â thri nythaid mewn tymor. Mae'n aderyn cymdeithasol ac fel arfer yn cadw mewn heidiau.

Sylwch ar ei big cadarn, cryf sy'n arbennig o ddefnyddiol ar gyfer malu hadau caled. Amrywia yr hyn mae'n ei fwyta o dymor i dymor. Yn y gaeaf, hadau a chnau yw ei brif fwyd, ond yn ystod y tymor nythu tuedda i fwyta pryfetach yn unig.

Gall adar y to fod yn gur pen i arddwyr gan eu bod yn hoff iawn o bigo a malurio blodau, yn enwedig saffrwn melyn yn y gwanwyn.

Enwau lleol ar aderyn y to yw sbrocsyn, strew a llwyd y to.

Uchod: ceiliog aderyn y to.

Uchod chwith: nid yw'r iâr mor drawiadol â'r ceiliog.

6

Drudwen 21.5 cm

Aderyn arall sy'n gyfarwydd iawn i'r rhan fwyaf ohonom yw'r ddrudwen, ond mae o hefyd yn aderyn sy'n tueddu i fod yn amhoblogaidd. Y rheswm am hyn yw bod drudwyod yn clwydo mewn heidiau mawr ar adeiladau ac mewn coed, gan wneud sŵn byddarol, a chryn dipyn o lanast gyda'u carthion.

Aderyn gwlad a thref yw'r ddrudwen ac mae'n berffaith hapus yn nythu mewn twll yn y wal, mewn coed, tas o wair neu mewn blwch nythu. Y ceiliog fydd yn adeiladu'r nyth, o wair, dail a gwlân, tra bo'r iâr yn ei leinio â phlu. Bydd rhyw bump i saith o wyau glas golau yn cael eu dodwy ganddi. O Ebrill hyd Fehefin yw tymor nythu y ddrudwen.

Mae'n aderyn hardd i edrych arno pan fydd golau'r haul yn adlewyrchu ar y plu. Ceir cymysgedd o borffor, gwyrdd a du, er nad yw lliw yr iâr mor llachar. Melyn yw lliw y big yn yr haf ond newidia i fod yn llwydlas yn y gaeaf. Yn ystod y tymor hwn, mae'r ddrudwen yn hoff iawn o ymweld â'n gerddi i fwydo ar siwet a chaws, ond bydd hefyd yn bwyta bwydydd

naturiol megis lindys a malwod.

Enw cyffredin ar y ddrudwen yw aderyn yr eira, a hynny oherwydd y smotiau amlwg ar ei phlu yn y gaeaf. Yn ôl traddodiad, y mwyaf amlwg yw'r smotiau, yna y mwyaf o eira fydd yn disgyn y flwyddyn honno.

Uchod: drudwen yn y gaeaf. Sylwer ar y smotiau gwyn a'r big llwydlas.

Mae'r ddrudwen yn arbennig o dda am ddynwared cân adar eraill. Arferai morwyr yn yr hen ddyddiau gludo drudwyod ar fordeithiau oherwydd amrywiaeth eu cân.

Chwith: drudwen yn yr haf a'r big yn felyn.

Mwyalchen 25cm

Du yw lliw y ceiliog ac mae ganddo big felen drawiadol, sydd wedi rhoi iddo yr enw aderyn du pig felen, a rhimyn oren o amgylch ei lygaid. Lliw brown sydd i'r iâr ac i'r adar ifanc. Mae tuedd i'r fwyalchen fod yn albinaidd ac nid yw'n anghyffredin gweld mwyeilch cwbl neu rannol wyn.

Bydd yn adeiladu nyth mewn gwrych, perth neu eiddew rhwng mis Mawrth a mis Gorffennaf, gan fagu hyd at bedwar nythaid o gywion. Rhyw bedwar neu bump o wyau fydd yr aderyn hwn yn ei ddodwy ar y tro (rhai gwyrddlas a smotiau browngoch drostynt) — a hynny mewn cwpan taclus o nyth wedi ei wneud o fwsogl, llaid a gwair.

Mae'r fwyalchen yn hoff iawn o fwyta ffrwythau ac aeron, yn enwedig yn y gaeaf, ond fe fydd hi hefyd yn bwyta hadau, pryfed, copynnod a phryfed genwair. Gwrandewch ar ei chân sydd fel ffliwt swynol trwy gydol y tymor nythu. Mae ei thrydar cynhyrfus pan fydd wedi dychryn hefyd yn nodweddiadol iawn ohoni.

Uchod: yr aderyn du pig felen.

Chwith: brown yw lliw yr iâr. Gwyliwch rhag ei chamgymeryd â'r fronfraith.

8

Robin Goch 14 cm

O'r holl adar a welir yng Nghymru, mae'n debyg mai'r robin goch yw'r mwyaf cyfarwydd, â'r mwyaf poblogaidd, a hynny o bosib oherwydd ei gysylltiad â chardiau Nadolig.

Y gred draddodiadol oedd mai'r robin goch oedd gŵr y dryw. Mae'n anodd iawn gwahaniaethu'r iâr a'r ceiliog ond mae'r cywion yn frown gyda brychni tywyll ar eu plu.

Arferid credu hefyd bod y robin goch yn un o adar Duw, ac mae'n aderyn sydd yn cael ei gysylltu'n aml ag anlwc. Anlwc a ddaw i unrhyw un sy'n lladd y robin goch, oherwydd, meddir:

'Os lladdwch chi'r robin goch
Cewch fynd i'r tân coch'

Clywir cân y robin goch trwy gydol y flwyddyn. Bydd yn dechrau nythu tua mis Chwefror ac yn parhau i wneud hynny hyd at fis Gorffennaf gan wneud nyth o grinddail, mwsogl ac ychydig o blu. Mae'r robin yn enwog am adeiladu nythod mewn llefydd anarferol iawn — mewn hen decell, esgid, neu mewn blwch post er enghraifft.

**Uchod: sylwer mai oren yn hytrach na choch yw lliw bron y robin goch.
Isod: robin goch yn eistedd yng nghrombil ei nyth.**

Bronfraith 23 cm

Yn aml, gwelir y fronfraith ar y lawnt, neu mewn cae yn tynnu pryf genwair allan o'r pridd, neu'n sefyll gan ddal ei phen i un ochr. Oherwydd y duedd yma o wyro ei phen, y gred draddodiadol oedd ei bod yn fyddar. Mae'r fronfraith yn llai o faint na brych y coed, ac mae mwy o gochni yn y plu ar ei chefn, a'i bron yn fwy melynaidd gyda smotiau du arni.

Gellir canfod y fronfraith mewn drysni, gwrychoedd, gerddi a llwyni. Mae astudiaeth ddiweddar wedi dangos bod niferoedd y bronfreithiaid sydd yn ymweld â'n gerddi wedi gostwng yn sylweddol.

Tybed beth sydd i gyfrif am hyn? Ni wyddom yr ateb yn bendant hyd yma, ond un ddamcaniaeth yw mai gorddefnydd o bla-laddwyr sydd wedi achosi'r gostyngiad.

Mae'r fronfraith yn hoff iawn o bryfed, cynrhon, pryfed genwair a malwod. Edrychwch am lecyn gyda phentwr o gregyn ynddo, lle bu'r fronfraith yn bwyta malwod. Fel arfer bydd yn dyrnu'r gragen yn erbyn craig neu garreg a elwir yn 'efail y fronfraith'.

Bydd y fronfraith yn nythu rhwng mis Chwefror a Gorffennaf gan ddodwy pedwar neu bump o wyau.

Uchod: y fronfraith.

Llun bach: caseg y ddrycin, ymwelydd y gaeaf â Chymru o wledydd Llychlyn a Siberia.

Dryw 9.5 cm

Dyma un o'r adar lleiaf o ran maint a welir yng Nghymru. Mae'n debyg fod y fwyaf ohonom yn gyfarwydd â'r dryw bach gyda'i gynffon i fyny. Mae'n chwilotwr heb ei ail, ac yn aml yn ceisio dod o hyd i damaid ymysg boncyffion y coed a'r llwyni. Ambell dro, byddwch yn fwy tebygol o glywed y dryw yn hytrach na'i weld, oherwydd bod ganddo gân mor uchel am aderyn mor fach. Ond credir bod gweld a chlywed dryw yn hedfan yn swnllyd rhwng llwyni yn arwydd o dywydd garw. Tybed a ydych wedi clywed yr ymadrodd, 'Mae'r dryw bach yn gyrru ei gaseg'?

Y dryw yw'r aderyn mwyaf niferus ym Mhrydain. Mae gaeafau oer a rhewllyd yn cwtogi ar ei rifau ond yn ystod gaeafau mwyn bydd y dryw yn adennill ei dir.

Rhwng Ebrill a Mehefin yw tymor nythu'r aderyn bach yma. Bydd y ceiliog yn adeiladu nifer o nythod wedi eu gwneud o fwsogl, rhedyn, dail crin a gwellt. Bydd yr iâr yn dewis un o'r nythod ac yn gosod leinin o blu cyn dechrau dodwy. Fel arfer rhyw bump neu chwech o wyau gwyn a smotiau browngoch arnynt fydd y dryw yn eu dodwy. Bydd y nyth yn grwn fel pêl gyda tho iddo a'r twll mynediad yn grwn.

Er mwyn cadw'n gynnes yn ystod y tywydd oer bydd degau o ddrywod yn clwydo mewn un blwch nythu.

Chwith: mae'r dryw yma wedi defnyddio hen nyth gwennol i adeiladu ei nyth. Sylwer nad oes to iddo.

Isod: y dryw gyda'i gynffon i fyny.

Titw Mawr 14 cm

Dyma'r aelod mwyaf o deulu'r titw. Mae'n hawdd iawn ei nabod gyda'i ben du a'i fochau gwyn. Sylwer hefyd ar y stribed du sydd yn rhedeg o'i ên i'w gynffon. Mae'r stribed yma yn llawer mwy amlwg ar y ceiliog.

Mae'r titw mawr yn acrobat penigamp ac yn defnyddio ei allu i ddal lindys a phryfed. Amcangyfrifir bod pâr o ditw mawr yn cludo tua 7,000 i 8,000 o lindys a phryfed i'w cywion mewn cyfnod o tua tair wythnos. Yn ystod y gwanwyn gall yr aderyn yma wneud niwed i flagur coed a pherthi. Ond yn y gaeaf bydd wrth ei fodd yn pigo siwet, caws, cnau mwnci a hadau blodyn yr haul.

Cân drawiadol y titw mawr yw 'si-si-si', sydd wedi rhoi iddo yr enw lleol 'hogwg' am fod y gân yn debyg i sŵn darn o fetel yn cael ei lifio.

Rhwng Ebrill a Mai yw tymor nythu y titw mawr ac mae'n adeiladu ei nyth o fwsogl, gwair, gwlân a phlu, mewn twll mewn coeden neu flwch nythu. Bydd yn dodwy hyd at ddeuddeg o wyau gwyn gyda smotiau brown arnynt.

Uchod: ceiliog y titw mawr. Sylwer ar y fodrwy ar ei goes dde.

Chwith: nythaid o gywion y titw mawr.

Titw Tomos Las 11.5 cm

Dyma aelod mwyaf adnabyddus a phoblogaidd teulu'r titw. Fel y titw mawr, mae'n acrobat gwych ac yn edrych yn gartrefol iawn yn hongian ar llond rhwyd o gnau mwnci neu yn rhwygo caead oddi ar botel llefrith. Mae'n aderyn sydd yn gwneud defnydd llawn o'n gerddi — y byrddau adar i gael bwyd a'r blychau nythu i fagu teulu.

Mae'r titw tomos las yn bwyta amrywiaeth mawr o fwydydd. Yn ystod y tymor nythu, pryfetach yw ei fwyd naturiol, ond yn ystod y gaeaf bydd yn dod i'n gerddi i fwyta cnau mwnci, siwet, hadau a chroen bacwn — yn enwedig os yw'r bwyd wedi ei hongian i fyny ar frigyn coeden.

Gallwch weld y titw tomos las mewn coedwigoedd, gerddi a pharciau. Bydd yn nythu rhwng m Ebrill a Mai, gan adeiladu nyth o fwsogl, gwlân a phlu, un ai mewn twll

mewn coeden neu mewn blwch nythu. Gall ddodwy rhwng saith a phedwar-ar-ddeg o wyau gwyn a smotiau browngoch arnynt.

Uchod: cyw y titw tomos las.

Chwith: titw tomos las, yn bwydo ar siwet a hadau blodyn yr haul.

13

Titw Penddu

11.5 cm

Nid yw'r titw penddu mor adnabyddus â'r titw mawr a'r titw tomos las. Mae'r aderyn hwn tua'r un maint â'r titw tomos las, ond nid yw mor lliwgar, ac mae ei ben yn fawr o'i gymharu â gweddill ei gorff. Mae ganddo fochau gwyn amlwg, a nodwedd amlwg arall yw'r sgwâr gwyn sydd ar ei war.

Mae'r titw penddu yn hoff iawn o fyw mewn coedwigoedd pîn a bydd yn defnyddio ei big main i dynnu hadau allan o foch coed. Ond er mai aderyn y goedwig ydyw yn bennaf, mae o hefyd yn ymwelydd cyson â'n gerddi, yn enwedig yn ystod y gaeaf. Daw yno i fwyta cnau, hadau a siwet.

Bydd y titw penddu yn nythu mewn twll coeden, mewn hen wal ac weithiau mewn twll yn y llawr, yn enwedig wrth droed coeden. Adeilada'r nyth o fwsogl, gwair a gwlân yn ystod mis Ebrill a Mai, gan

ddodwy rhwng chwech ac un-ar-ddeg o wyau gwyn gyda smotiau coch golau arnynt.

Chwith: sylwch ar y sgwâr gwyn ar war y titw penddu.

Sylwch ar y titw penddu yn bwydo. Bydd yn cludo cnau a hadau ac yn eu cuddio mewn man arbennig.

Isod: mae'r titw penddu yn hoff o fwydo ar hadau moch coed.

Llwyd y Gwrych 14.5 cm

Rydych yn debygol o weld llwyd y gwrych yn hel ei damaid wrth droed coed a llwyni. Lliw brown sydd i'r plu gyda marciau du ar ei gefn ac ychydig o lwydni ar y pen a'r gwddf. Pryfetach yw ei fwyd naturiol, ond yn ystod y gaeaf daw i'n gerddi i fwyta caws, hadau a chnau. Mae ganddo big main sydd yn ddefnyddiol ar gyfer hela a bwyta pryfed meddal.

Adeilada'r aderyn hwn nyth taclus o fwsogl, gwair a blew anifeiliaid, mewn llwyn neu wrych. Fel arfer bydd yn dodwy rhyw bedwar neu bump o wyau lliw glas rhwng mis Mawrth a mis Mehefin. Ceir dau, neu weithiau dri, nythaid mewn tymor. Yn aml gelwir llwyd y gwrych yn was y gog a hynny am fod y gog yn aml yn dodwy ei wyau mewn nyth llwyd y gwrych. Yr hen gred oedd fod llwyd y gwrych yn ddall am nad oedd yn gallu gwahaniaethu rhwng cywion y gog a'i gywion ei hun.

Er bod llwyd y gwrych yn debyg iawn i aderyn y to, nid yw'n perthyn i'r un teulu. Mae'n anodd iawn gwahaniaethu rhwng yr iâr a'r ceiliog.

Uchod: er bod llwyd y gwrych yn debyg iawn i aderyn y to, nid yw'n perthyn i'r un teulu.

Llun bach: nyth taclus llwyd y gwrych gyda phedwar o wyau glas.

Ji-Binc 15 cm

Mae'r ji-binc yn ymwelydd cyson â'n gerddi. Enwau cyffredin eraill arno yw asgell arian, asgell fraith, pinc neu spinc. Mae'r ceiliog yn aderyn lliwgar iawn gyda chorff cochlyd a phen llwydlas a bariau gwyn ar ei adenydd. Pan yn hedfan gellir gweld y plu gwyn yn amlwg, ac mae'n hawdd deall pam y cafodd yr enw asgell arian. Yn ystod y gaeaf, tuedda'r ieir a'r ceiliogod i ffurfio heidiau ar wahân.

Pryfed, lindys, ffrwythau a blagur coed yw prif fwyd y ji-binc, ond yn y gaeaf daw i'n gerddi i fwyta hadau a chnau. Gellir gweld y ji-binc mewn gerddi, coedwigoedd ac ar dir amaethyddol. Yn ystod y gaeaf gellir gweld heidiau o ji-binc yn bwyta ar gaeau sofl neu ger ysguboriau.

Galwad y ji-binc yn hytrach na'i liw sydd yn rhoi'r enw iddo, galwad trawiadol sy'n swnio fel 'pinc' neu 'spinc' sydd ganddo.

Ym mrigau perth neu goeden fydd y ji-binc yn adeiladu ei nyth, un wedi ei wneud o wair, gwreiddiau, mwsogl a phlu gan ddefnyddio gwe copynnod i rwymo'r cyfan yn daclus. Anlwc a ddeuai i ran unrhyw un a ddinistra nyth y ji-binc, yn ôl y gwpled:

'Y sawl a dorro nyth y binc
Gaiff ei grogi wrth y linc.'

Uchod: ceiliog ji-binc wedi cawod o eira.

Llun bach: sylwer nad yw'r iâr mor lliwgar a'r ceiliog.

Llinos Werdd 14.5 cm

Cymysgedd o felyn, gwyrdd a llwyd yw lliw ceiliog y llinos werdd. Fel nifer o adar eraill, dyw'r iâr ddim mor lliwgar gyda'i phlu brown, a hawdd iawn ei chamgymryd am iâr aderyn y to. Enwau eraill ar y llinos werdd yw llinos felen a siencyn cywarch, oherwydd ei hoffter o fwyta hadau cywarch. Mae'n aderyn cymdeithasol iawn ac weithiau yn ffurfio heidiau mawr yng nghwmni breision a phincod eraill.

Mae'r llinos werdd yn ymwelydd cyson â'n gerddi, yn arbennig yn y gaeaf. Bydd yn barod iawn i frwydro yn ffyrnig am ei bwyd. Hadau o bob math sydd ar fwydlen yr aderyn hwn, yn arbennig hadau blodyn yr haul; mae o hefyd yn barod iawn i fwyta cnau mwnci. Bydd yn nythu o fis

Ebrill hyd fis Gorffennaf, ac adeilada ei nyth mewn coed gan ddefnyddio mwsogl, brigau a gwair. Fel arfer, bydd yn dodwy rhwng pedwar a chwech o wyau gwyn â smotiau a llinellau browngoch arnynt.

Uchod: ceiliog Llinos werdd, sylwer ar y cymysgedd o liwiau.

Isod: brown yw lliw'r iâr.

Turtur Dorchog 32 cm

Mae'r durtur dorchog yn aderyn cymharol newydd i Gymru. Dechreuodd ledaenu i gyfeiriad y gorllewin o ardal y Balcanau yn ystod tridegau y ganrif hon. Cyrhaeddodd Gymru yn ystod y pumdegau, ac ers hynny mae ei niferoedd wedi cynyddu yn gyflym iawn, cymaint yn wir, nes ei bod yn cael ei hystyried yn bla mewn rhai ardaloedd. Brown golau yw lliw y plu, a'r goler ddu ar gefn y gwddf sydd yn rhoi ei henw iddi.

Galwad tri sill sydd gan y durtur dorchog, 'Cŵ, cŵŵ, cŵ', gyda'r nodyn canol yn hirach na'r ddau arall. Ei phrif fwyd yw hadau, aeron a thyfiant ir ac mae yn ei helfen ger sgubor lle mae ŷd yn cael ei gadw.

Fel turturod a cholomennod eraill, adeilada'r durtur dorchog nyth gwastad o frigau. Bydd yn nythu yn ystod Ebrill a Mai fel arfer, er y gall fagu cywion yn ystod misoedd y gaeaf os nad yw'n rhy oer, ac os oes digon o fwyd ar gael. Hoff lecyn y durtur dorchog i adeiladu nyth yw ar frigau uchaf conwydden. Mewn ardaloedd lle nad oes coed ar gael, a llecynnau nythu naturiol yn brin, bydd ambell dro yn nythu ar bolion trydan.

Uchod: yn aml gwelir pâr o durturod torchog gyda'i gilydd.

Chwith: edrychwch am durtur dorchog yn sefyll ar bostyn neu erial teledu.

> Yn aml bydd y golomen a'r durtur yn pigo graean oddi ar ymyl y ffordd. Bydd hyn yn helpu iddynt falu eu bwyd yn fân.

Ysguthan 41 cm

O ran maint, yr ysguthan yw'r mwyaf o deulu'r colomennod. Llwyd yw lliw cyffredinol y plu ond ceir amrywiaeth o liwiau ar yr aderyn. Mae'r gynffon bron yn ddu, a cheir gwawr borffor i'r fron, a choler o wyn a gwyrdd y tu ôl i'r gwddf. Mae ei galwad yn debyg iawn i alwad y durtur dorchog, ond bod iddo bum sill yn hytrach na thri.

Yn ystod y gaeaf mae'r ysguthan yn ffurfio heidiau mawr sydd yn dipyn o boen i amaethwyr gan eu bod yn difa cnydau yn ogystal â chwyn. Gall yr ysguthan fod yn bla yn eich gardd hefyd, oherwydd mae'n hoff iawn o fwyta pys, ffa, bresych ifanc a blagur coed ffrwythau.

Mewn rhai parciau cyhoeddus fe sylwch fod yr ysguthan yn eithaf dof gan ei bod yn cael ei bwydo yn rheolaidd gan bobl. Fodd bynnag, yn ei chynefin y mae'n aderyn swil iawn. Os digwydd i chwi darfu ar ysguthan yn y gwyllt mae'n debygol mai dim ond sŵn clap ei hadenydd a glywch chi cyn ei gweld yn diflannu ymysg y brigau.

Isod: mae'r golomen ddof yn gyffredin yn y mwyafrif o'n trefi a'n dinasoedd.

Peidiwch â chamgymeryd yr ysguthan â'r golomen ddof. Mae'r aderyn uchod yn llai ac fel arfer yn dywyllach ei lliw na'r ysguthan.

Cnocell Fraith Fwyaf 23 cm

Er mai du a gwyn yw lliwiau amlycaf y gnocell fraith fwyaf mae'n aderyn trawiadol o'i weld yn y maes. Mae ganddo ysgwyddau gwyn amlwg ac ychydig o blu coch o dan y gynffon. Mae gan y ceiliog smotyn bach coch y tu ôl i'w ben hefyd. Sylwch ar fysedd hir y traed. Ceir dau fys yn wynebu'r blaen a dau yn wynebu am yn ôl. Defnyddia ei draed a'i gynffon i ddringo rhisgl coed.

Nodwedd amlwg sydd gan y gnocell yma, fel gweddill ei theulu, yw ei phig cryf miniog. Defnyddir y big i dyllu coed ac i falu cnau. Yn ddiddorol iawn defnyddir y big hefyd yn ystod y tymor nythu i sefydlu tiriogaeth. Bydd y gnocell yn bwrw'r big yn erbyn brigyn i greu sŵn sydd i'w glywed o gryn bellter.

Yn ystod y gaeaf daw'r gnocell fraith fwyaf i'n gerddi i fwyta cnau a siwet.

Aelod arall o deulu'r cnocellod sydd yn dod i'n gerddi yw'r gnocell werdd. Mae hon hefyd yn hoff o fwyta cnau o bob math, yn ogystal â morgrug. Bydd yn eu cipio o'r ddaear gyda'i thafod main hir.

Uchod: y gnocell fraith fwyaf yn defnyddio ei thraed a'i chynffon i sicrhau cydbwysedd.
Uchod chwith: cyw y gnocell fraith fwyaf — sylwer ar y goron goch ar ei ben.

Siglen Fraith 18 cm

Chwith: y siglen wen; mae'n edrych yn debyg iawn i'r siglen fraith.

Gallwch weld y siglen fraith ar y lawnt neu ar gaeau'r ysgol, yn enwedig os bydd y gwair newydd ei dorri. Mae'n hoff iawn o nentydd a thir corsiog hefyd. Sylwch ar ei dull anghyffredin o gerdded; bydd ei choesau yn rhuthro mynd, ei phen yn edrych tua'r llawr a'i chynffon i fyny yn yr awyr wrth chwilio am bryfed. Enwau eraill arni yw sigldin a shigwti. Tybed a glywsoch chi y pennill hwn amdani?

> 'Shigwti fach, shigwti,
> Mae crys y gŵr heb ei olchi
> A'r dŵr ymhell oddi wrth y tŷ
> A'r sebon heb ei brynu.'

Fel arfer gwelir y siglen fraith ar ei phen ei hun, ond gyda'r nos ac yn enwedig yn y gaeaf bydd yn ffurfio hediau mawr, weithiau o rai cannoedd, i glwydo mewn tir corslyd. Galwad syml sydd ganddi, 'ts-chissic' a 'si-wrip', sydd weithiau yn cael ei seinio wrth hedfan.

Llecyn nythu cyffredin yr aderyn hwn yw twll mewn wal, ynghanol eiddew neu mewn blwch nythu ag iddo wyneb agored. Bydd yn dodwy rhyw bump neu chwech o wyau llwyd gyda marciau llwydfrown arnynt.

Isod: mae'r siglen fraith i'w gweld yn aml ar gaeau ac mewn parciau.

21

Pioden 46 cm

Aelod o deulu'r brain yw'r bioden. Yn aml cysylltir gweld un bioden ag anlwc, tra bo gweld dwy yn arwydd o lwc. Aderyn du a gwyn ydyw gydag ysgwyddau a bol gwyn. Ei nodwedd amlycaf yw'r gynffon ddu, hir sydd ganddo. Gwelir sglein o wyrdd, porffor a glas i'r plu pan fo'r haul yn taro arnynt.

Bydd heidiau o biod i'w gweld yn bwyta cnawd anifeiliaid marw, yn enwedig allan yn y wlad, yn ogystal ag adar ac anifeiliaid sydd wedi eu lladd ar hyd ein ffyrdd. Yn wir, mae'r bioden yn bwyta amrywiaeth mawr o fwydydd gan gynnwys cywion adar eraill, wyau, pryfed o bob math, hadau a chnau.

Adeilada'r bioden nyth mewn perth neu goeden wedi ei wneud o frigau a llaid, ac yna ei leinio â gwreiddiau, gwlân a phlu. Gall ddodwy rhwng pump ac wyth o wyau gwyrddlas, a hynny ym mis Ebrill fel arfer.

Uchod: pioden, yn dangos y gynffon hir.

Chwith: sylwer nad oes gan y cywion gynffonau hir. Plu'r gynffon yw'r rhan olaf o gorff yr aderyn i dyfu.

Jac-y-do 33 cm

Dyma'r aelod lleiaf o deulu'r brain. O edrych ar jac-y-do o bellter mae'n ymddangos mai aderyn cwbl ddu ydyw, ond os edrychwch yn ofalus gallwch weld bod ganddo war llwyd a llygaid glas.

Mae ei gynefin yn amrywiol iawn, gan gynnwys coedwigoedd, clogwyni, parciau, trefi a thir amaethyddol. Yn ystod y gaeaf gellir ei weld yng nghwmni ydfrain yn bwydo ar gaeau a ffriddoedd. Gwyliwch rhag iddo ymweld â'ch gardd yn ystod y gwanwyn oherwydd mae'n hoff iawn o fwyta ffa, ac weithiau fe'i gelwir yn jac-ffa.

Yn ystod y blynyddoedd diwethaf mae hi wedi dod yn beth lled-gyffredin i'r aderyn hwn ddefnyddio simdde i adeiladu ei nyth, a hynny oherwydd y gostyngiad sydd wedi bod mewn llosgi glo. Mae simdde yn lle delfrydol ar gyfer gwneud hyn. Defnyddia'r jac-y-do bob math o ddeunydd i wneud y nyth — brigau, cortyn, darnau o bapur, a'i leinio â blew, plu neu wlân.

Uchod: sylwch ar y gwawr lwyd ar blu jac-y-do.

Chwith: Yn aml, gosodir rhwyd fetel ar y corn simne i rwystro'r jac-y-do rhag nythu yno.

Ydfran a Brân Dyddyn tua 46cm

O bellter mae'n anodd gwahaniaethu rhwng yr ydfran a'r frân dyddyn oherwydd eu maint, a'r ffaith eu bod yn unlliw du. O edrych yn agos fe welwch bod gan yr ydfran big llwydwyn, ac enw arall arni yw brân bigwen. Dyma'r frân a welir yn clebran yng nghegin y brain. Dychwela'r ydfran i'r un safle i nythu bob blwyddyn. Fel arfer bydd y nythod sydd wedi gwrthsefyll gwyntoedd y gaeaf yn cael eu hadnewyddu. Tuedda'r ydfran i nythu ger adeiladau megis plasdai neu eglwysi. Ystyrir ydfrain yn nythu ger plasdy fel arwydd o lwc a llwyddiant, ond anlwc a ddaw os bydd yr ydfrain yn gadael y nythfa.

Tra bo'r ydfran yn nythu mewn grwpiau, tueddau'r frân dyddyn i nythu ar ei phen ei hun. Enw arall ar y frân dyddyn yw abwyfran neu milfran a hynny oherwydd ei hoffter o gig.

Mae ganddi big cryf lliw gwbl ddu.

Yn yr Alban a'r Iwerddon y frân lwyd a geir yn hytrach na'r frân dyddyn. Enwau eraill arni yw brân y lludw neu brân Iwerddon.

Uchod: ydfran. Sylwer ar y big mawr llwydwyn.

Uchod: brân lwyd a welir yn yr Alban a'r Iwerddon.

Uchod: brân dyddyn. Sylwer ei bod yn gwbl ddu.

Gwylan Benddu 36 cm

Mae'r wylan benddu yn aderyn cyffredin trwy Gymru benbaladr. Gellir ei gweld ar yr arfordir, ar y tir, mewn dyffrynnoedd ac ar lynnoedd ac afonydd. Fe'i gwelir yn aml yn dilyn yr aradr ar dir amaethyddol, ac fe'i gelwir yn frân wen gan rai ffermwyr.

O fis Mawrth hyd fis Awst, sef y tymor nythu, lliw siocled tywyll sydd i'w phen, ond erbyn diwedd Awst dim ond ychydig o liw brith tu ôl i'r llygaid sydd i'w weld. Yn fuan yn y gwanwyn, heidiant at ei gilydd yn gwmni mawr, rhai cannoedd ohonynt weithiau, i ffurfio nythfa. Sefydlir eu nythfaoedd mewn mannau amrywiol, ambell dro ar dwyn yn agos i lan-y-môr, dro arall mewn hesg ger llyn sydd filltiroedd i mewn i'r tir. Dewisia hefyd ynysoedd mewn llynnoedd a llefydd corslyd a brwynog.

Defnyddia wellt, brwyn, hesg neu ddail i wneud nyth er y bydd weithiau yn dodwy wyau ar lawr noeth.

Uchod: gwylanod penddu yn ystod yr haf.

Uchod, de: gwylan benddu yn y gaeaf.

Chwith: gwylan y gweunydd, aelod arall o deulu'r gwylanod.

Gwylan y Penwaig

55-60 cm

Os am fentro i'r arfordir i wylio adar dyma un o'r gwylanod y byddwch yn debygol o'i gweld, er ei bod yn ymgartrefu fwy fwy i mewn yn y tir erbyn hyn. Aderyn mentrus a barus yw gwylan y penwaig, yn bwyta pob math o sbwriel a sothach. Fe'i gwelir yn aml ar domennydd sbwriel. Bydd hefyd yn bwyta pysgod, cywion adar eraill, wyau a llysiau. Sylwer ar y big fawr gref sydd ganddi o liw melyn, gyda smotyn coch ar yr ylfin isaf. Coesau a thraed gweog o liw pinc sydd ganddi. Llwyd yw lliw plu y cefn gydag ychydig o ddu ar flaenau'r adenydd.

Mae gwylan y penwaig yn ddigon hapus ar y môr mewn tywydd stormus yn ogystal ac ar ddŵr croyw. Yn aml fe welir heidiau o wylanod y penwaig yn ymgasglu ar y tir, sydd, yn ôl rhai yn arwyddo tywydd gwlyb:

'Gwylanod y môr yn hedeg i'r tir
Mi ddaw yn law cyn bo hir.'

Bydd yn nythu ar lan-y-môr ar lethrau creigiau neu ar ynysoedd. Gwna ei nyth o laswellt gyda leinin o wlân neu ychydig o blu.

Uchod: sylwer ar big gref gwylan y penwaig a'i thraed gweog.

Uchod, de: gellir gweld blaenau du'r adenydd pan fo'n hedfan.

Chwith: gwylan gefnddu leiaf — aelod arall o deulu'r gwylanod.

Alarch Dof 152 cm

Dyma aderyn urddasol a welir ar afonydd, llynnoedd ac arfordir Cymru. Mae'n aderyn hanner dof ac fe ddaw at bobl yn enwedig i chwilio am fwyd. Gwyn yw lliw y plu ac mae ganddo big oren sydd llawer mwy llachar yn ystod y tymor nythu.

Bydd yr alarch dof yn dechrau nythu ym mis Ebrill ac adeilada ei nyth o blanhigion gyda leinin o blu. Fel arfer, gellir canfod y nyth mewn hesg neu ar ynys fechan yn agos i'r dŵr ac ni wneir ymdrech i guddio'r nyth, er y byddant yn ei amddiffyn yn ffyrnig iawn. Bydd y ceiliog a'r iâr yn rhannu'r gwaith o fagu'r cywion, a bydd y teulu yn aros fel uned tan y gwanwyn canlynol. Bryd hynny,

bydd y cywion yn cael eu herlid ymaith gan y ceiliog.

Ar ddiwedd yr haf bydd elyrch dof yn ffurfio heidiau o tua 40-50 i gyrchu i un man i fwrw eu plu. Yn ystod y cyfnod hwn nid ydynt yn gallu hedfan, a dyma pryd fyddent yn cael eu dal ar gyfer eu modrwyo.

Uchod: teulu o elyrch dof.

Uchod, de: sylwer ar y big oren llachar, a'r gwddf cryf, hir.

Elyrch dof yw rhai o'r adar trymaf sy'n hedfan.

Hwyaden Wyllt 58 cm

Dyma'r hwyaden fwyaf cyffredin yng Nghymru. Bwydo ar wyneb y dŵr a wna'r hwyaden wyllt fel arfer, ond o dro i dro fe'i gwelir yn plymio o dan yr wyneb. Bydd yn nythu yn ymyl dŵr, ond os nad yw hynny'n bosib, gall nythu hyd at filltir neu fwy i mewn i'r tir.

Yn fuan wedi i'r cywion ddeor bydd yr iâr yn eu harwain at y dŵr. Yn wahanol i adar y tir, mae cywion hwyaid yn cael eu geni gyda phlu a'u llygaid ar agor. Mae hyn yn eu galluogi i fod yn annibynnol yn gynnar iawn. Nid yw'r ceiliog yn cymryd unrhyw ran ym magwraeth y cywion.

Lliw brown sydd i blu'r iâr, sy'n ei gwneud hi'n rhwydd iawn iddi guddio ymysg planhigion er mwyn amddiffyn y cywion. Bydd yr iâr yn barod iawn i gymryd arni ei bod wedi anafu er mwyn tynnu sylw ysglyfaethwr oddi wrth y cywion.

Chwiliwch am yr hwyaden wyllt ar lynnoedd mewn parciau lle y daw i fwyta bara weithiau allan o ddwylo ymwelwyr.

Uchod: mae ceiliog hwyaden wyllt yn aderyn deniadol gyda'i ben gwyrdd.

Llun bach: sylwch fel mae cuddliw'r iâr yn galluogi iddi amddiffyn ei chywion.

Iâr Ddŵr 33 cm

Mae'r iâr ddŵr yn aderyn cyffredin ar lynnoedd a ffosydd Cymru. Lliw du neu frown tywyll sydd i'r ceiliog a'r iâr, gydag ychydig o wyn ar yr adenydd a'r gynffon. Mae'r big yn goch gyda blaen melyn, a'r coesau yn wyrdd. Fe berthyn yr iâr ddŵr i deulu'r rhegennod, ac mae iddynt goesau hir pwrpasol ar gyfer cerdded mewn dŵr a llaid.

Adeilada'r iâr ddŵr ei nyth allan o frwyn, hesg a gwair yn agos i ddŵr neu dir corslyd. Ambell dro, bydd yn dewis llwyn neu goeden isel, ond dro arall, bydd yn chwilio am lecyn uwch. Oherwydd y duedd yma, y gred draddodiadol yw bod yr iâr ddŵr yn adeiladu nyth yn uchel er mwyn osgoi llif y dŵr, a'i bod felly yn gallu rhagweld llifogydd. Gall ddodwy rhwng chwech a deuddeg o wyau ac fe geir dau neu dri nythaid mewn tymor.

Bydd yr iâr ddŵr yn bwyta pryfed, pryfaid genwair, gwlithod,

planhigion a chreaduriaid y dŵr. Yn ystod tywydd oer a rhewllyd bydd yr iâr ddŵr yn cael ei gorfodi i fynd i dir agored i chwilio am fwyd.

Cynefin arferol iâr ddŵr yw llynnoedd neu ffosydd bas. Mae gofyn bod yn ddistaw wrth eu gwylio neu byddant yn rhedeg i guddio mewn tyfiant trwchus.

Uchod: iâr ddŵr yn arnofio ar wyneb llyn.

Isod: mae cywion iâr ddŵr yn gallu nofio yn gynnar wedi iddynt ddeor.

Cwtiar 33 cm

Chwith: nid oes unrhyw wahaniaeth rhwng y ceiliog a'r iâr.

Mae'r cwtiar hefyd yn perthyn i deulu'r rhegennod ond mae ganddi draed llawer mwy gweog na'r iâr ddŵr, sydd yn ei galluogi i arnofio yn llawer mwy effeithiol. Gwelir y cwtiar ar lynnoedd mawr, afonydd ac weithiau ar y môr yn agos i'r arfordir. Mae'r plu yn gwbl ddu a'r big yn wyn. Oherwydd lliw a maint y big rhoddir yr enw lleol dobi benwen iddi.

Yn ystod y tymor nythu tuedda'r cwtieir i aros fel pâr i fagu teulu, ond yn y gaeaf byddant yn ffurfio heidiau mawr o rai cannoedd.

Adeiladir y nyth ymysg hesg, brwyn a gwair ar ynys fach neu yn agos i'r dŵr. Gall nifer yr wyau amrywio rhwng chwech a deuddeg, a'r tymor nythu yw mis Ebrill a mis Mai. Mae'r cwtiar yn barod iawn i amddiffyn ei thiriogaeth yn ystod y tymor yma.

Bydd cwtieir yn bwyta amrywiaeth o fwydydd yn cynnwys planhigion y dŵr, pysgod cregyn, grawn a phryfed genwair. Fe'i gwelir weithiau yn plymio dan yr wyneb, yn enwedig mewn llynnoedd a chronfeydd.

Isod: cwtiar, gyda'i chywion newydd ddeor.

Y cwtiar yw'r unig aderyn yng Nghymru sydd â phig cwbl wyn.

Gŵydd Canada tua 100 cm

Dyma aderyn a ddygwyd i Ewrop o Ogledd yr Amerig tua 300 o flynyddoedd yn ôl. Erbyn heddiw mae'n nythu mewn nifer o lecynnau yng Nghymru.

Mae'n aderyn deniadol dros ben gyda gwddf a phen du a bochau gwyn. Cymysgedd o frown a gwyn yw gweddill y plu. Mae'n hoff iawn o byllau a llynnoedd, ond fe'i gwelir hefyd ar rostiroedd yn ogystal ag ar yr arfordir. Yn ystod y gaeaf bydd yn ffurfio heidiau mawr. Hon yw'r ŵydd fwyaf sydd yn nythu yn Ewrop, ac mewn rhai ardaloedd mae wedi mynd yn bla. Gall achosi difrod mawr i gnydau, felly nid oes croeso iddi ar dir rhai ffermwyr.

Bydd yn nythu ar ynys fechan ynghanol y dŵr, mewn cafn yn y ddaear wedi ei leinio â gwair a phlu.

Rhaid bod yn ofalus iawn wrth agosáu at y nyth gan fod gŵydd Canada yn amddiffyn ei nyth yn ffyrnig iawn trwy chwifio ei hadenydd. Fel arfer pump neu chwech o wyau a ddodwyir. Yr iâr fydd yn deor yr wyau, gyda'r ceiliog yn cadw golwg rhag unrhyw fygythiad iddynt.

Uchod: haid o Canada — sylwer ar y gwddf du a'r bochau gwyn.

Chwith: gŵydd wyllt, sydd i'w gweld yn aml yng Nghymru.

Crëyr Glas tua 95 cm

Bydd y crëyr glas yn treulio y rhan fwyaf o'i oes ger y dŵr, ond yn ystod y tymor nythu bydd yn chwilio am goeden addas i adeiladu ei nyth ynddi. Bydd yn nythu mewn nythfaoedd — ceir nifer ohonynt yng Nghymru sydd yn cynnwys hyd at ddeugain o nythod. Adeiladir y nyth o frigau ac fel arfer y mae'n fawr o ran maint.

Dechreua'r crëyr nythu yn gynnar yn y flwyddyn, weithiau mor fuan â mis Chwefror. Rydych yn debygol o'i weld yn sefyll yn llonydd mewn dŵr bas yn pysgota am bysgod, llyffaint a mamaliaid y dŵr. Yn ôl yr hen gred bydd y crëyr glas yn rhyddhau hylif o'i goesau er mwyn denu pysgod.

Hyd yn oed os nad ydych yn byw ger afon neu lyn, mae'n bosib i chwi daro ar yr aderyn hwn mewn ffosydd neu gaeau, ac os oes ganddoch lyn pysgod yn eich gardd, gwyliwch rhag ofn iddo ddod yno i'w bwyta.

Er mai nifer fach o gywion sydd yn byw'n hir gall oedolyn fyw am dros ugain mlynedd weithiau.

Uchod: mae'r crëyr glas bob amser ar ei wyliadwraeth.

Uchod chwith: gall y crëyr sefyll yn hollol llonydd am gyfnodau hir.

Ffesant ceiliog 76-89 cm, iâr 53-63 cm

Y ceiliog ffesant yw un o'n hadar mwyaf lliwgar. Nid yw'n aderyn cynhenid i'r wlad hon, a chredir i'r ffesant cyntaf gael ei gludo i Brydain gan y Rhufeiniaid. Yn ystod y ganrif ddiwethaf bu cynnydd yn y nifer o ffesantod pan ddaeth saethu'n fwy ffasiynol a mwy o alw am adar gêm. Mewnforiwyd nifer o wahanol rywogaethau, a chanlyniad hyn fu cymysgu brid ymysg ffesantod yn y gwyllt.

Browngoch yw lliw plu y ceiliog gyda marciau du a hufen ar y cefn a'r bol. Mae plu'r pen a'r gwddf yn gymysgedd o wyrdd, porffor a choch. Fel gyda nifer fawr o adar eraill nid yw'r iâr yn aderyn mor ddeniadol â'r ceiliog. Lliw brown sydd i'w phlu ac nid oes ganddi gynffon hir fel ei

Chwith: pen y ceiliog ffesant.

Isod: ceiliog ffesant, yn dangos y gynffon hir.

phartner. Mae lliw brown yr iâr yn effeithiol fel cuddliw, yn enwedig yn ystod y tymor nythu ar gyfer diogelu'r nyth a'r cywion.

Bydd ffesantod yn clwydo mewn coed rhag i lwynogod ymosod arnynt pan fyddant yn cysgu.

Cudyll Coch 34 cm

Dyma aelod mwyaf adnabyddus teulu adar ysglyfaethus Cymru ac mae i'w weld yn aml yn hofran yn ei unfan yn yr awyr. Dyma ddull y cudyll coch o hela, oherwydd gall lygadu'r ddaear oddi tano ac yna plymio i lawr at ei brae.

Gwelir amrywiaeth o liwiau ar blu'r cudyll coch. Mae gan y ceiliog ben a chynffon llwyd, tra bo'r cefn o liw rhydlyd gyda phlu du ar flaenau'r adenydd a'r gynffon. Mae'r iâr yn fwy o faint na'r ceiliog gyda lliw brown plaen a marciau brown tywyll neu ddu drosti.

Nytha'r cudyll coch mewn tyllau mewn coed, gweddillion nythod brain neu biod, clogwyni ac weithiau mewn blychau nythu pwrpasol. Adeiladir y nyth yn bennaf allan o frigau. Bydd yn dodwy pedwar i bump o wyau ym mis Ebrill a Mai.

Aelod o deulu'r hebogiaid yw'r cudyll coch, sef adar sydd yn gallu hedfan yn gyflym ar ôl eu prae. Ymhlith aelodau eraill o deulu'r hebogiaid a welir yng Nghymru mae'r hebog tramor, cudyll bach a hebog yr ehedydd.

Uchod chwith: iâr y cudyll coch.

Uchod: ceiliog y cudyll coch yn dangos amrywiaeth lliwiau'r plu.

Bwncath tua 55 cm: dyma un o adar ysglyfaethus mwyaf Cymru. Mae gweld bwncath yn hofran yn yr awyr yn olygfa gyffredin yn y canolbarth. Gwyliwch amdanynt hefyd yn eistedd ar bolyn trydan wrth ochr y ffordd.

Hwyaden Gopog 43 cm: dyma un o hwyaid mwyaf cyffredin Prydain. Du a gwyn yw lliw'r ceiliog tra bo'r iâr yn frown tywyll. Maent yn hoff o lynnoedd a chronfeydd tyfn yn enwedig yn ystod y gaeaf. Fe'u gwelir yn aml mewn parciau.

Ysgrech y Coed 34 cm: aelod lliwgar o deulu'r brain. Mae'n aderyn swil sydd i'w glywed yn llawer amlach nag y gellir ei weld. Ei sgrech amlwg sydd wedi rhoi ei enw iddo. Mae'n hoff o fwyta mes gan eu cuddio mewn llecynnau addas.

Gwyach Fawr Gopog 48 cm: ystyrir hwn yn un o adar prydferthaf Cymru. Ar ddechrau'r ganrif arferwyd ei hela ar gyfer cael plu i wneud hetiau merched. Erbyn heddiw mae wedi adennill ei dir yma yng Nghymru.

Denu Adar i'ch Gardd

Gallwch ddenu nifer dda o adar i'ch gardd gartref, neu yn yr ysgol, trwy ddarparu bwyd, dŵr a llecynnau nythu ar eu cyfer. Mae'n bwysig bwydo yn ystod tywydd oer iawn gan fod bwyd naturiol yr adar mor brin. Dylech hefyd fwydo'n rheolaidd, gan roi bwyd allan yn gynnar yn y bore a chanol y prynhawn.

Mewn gwirionedd nid oes angen bwydo'r adar rhwng Ebrill a Medi oherwydd dylai fod digon o fwyd naturiol ar gael. Mae'n bwysig peidio â'u gwneud yn llwyr ddibynnol arnom am damaid, yn enwedig pan fo cywion ganddynt. Rhaid i'r adar ifanc ddysgu sut i ddod o hyd i fwydydd naturiol eu hunain. Os am fwydo'r adar o gwbl yn ystod y tymor nythu, yna rhowch hadau meddal, pryfaid genwair neu gynhron allan iddynt. Gall bwydydd artiffisial, anodd eu treulio ladd cywion ifanc.

Dylid rhoi bwydydd gwahanol allan er mwyn hudo adar mwy anghyffredin i'ch gardd. Mae modd prynu bwydydd pwrpasol ar gyfer bwydo adar, ond nid oes rhaid gwario arian ar

Uchod: titw tomos las yn bwydo ar gnau mwnci.

fwyd bob tro. Dyma restr o fwydydd a awgrymir gan nifer o adarwyr: esgyrn, saim, siwet, caws, uwd, ceirch sych, bwyd ci, cnau mwnci, hadau, crawen bacwn a ffrwythau sych fel cyraints a swltanau ynghyd â thatws wedi ei rhostio yn eu crwyn. Peidiwch â chynnig cnau coco wedi eu sychu gan fod peryg iddynt chwyddo ym mherfeddion yr adar. Hefyd, mae'n well mwydo bara caled mewn dŵr cyn ei gynnig i'r adar.

Uchod: mae'r fronfraith yn hoff o fwyta afalau a ffrwythau.

Chwith: y titw mawr yn bwyta siwet wedi ei osod tu mewn i gneuen coco.

Gellir rhoi'r bwyd ar fwrdd adar pwrpasol wedi ei osod ar bolyn neu ynghrog ar goeden, neu gellir cynnig bwyd i'r adar mewn bagiau rhwyd, rhidyll hadau neu mewn bwydwr y gellir ei hongian unrhyw le yn yr ardd. Cofiwch hefyd bod modd hongian talpiau o siwet neu gaws ar ganghennau coed neu daenu saim neu gaws wedi ei doddi ar risgl coed. Dull effeithiol arall o ddenu adar yw llenwi hanner cneuen coco wag, neu gwpan, gyda chymysgedd o saim a hadau a'i hongian ar y bwrdd adar.

Mae tyfu coed neu blanhigion pwrpasol yn denu adar i'ch gardd yn ogystal. Cofiwch blannu planhigion neu goed sydd yn cynhyrchu cnwd o aeron neu hadau. Yn ogystal â bod yn ffynhonnell bwyd i'r adar gall coed a llwyni hefyd fod yn lecynnau addas i adeiladu nythod.

Fodd bynnag, bydd yn well gan rai adar fwydo ar y llawr. Pan fyddwch yn rhoi bwyd ar y lawnt ar gyfer yr adar yma, cofiwch gadw'n glir oddi wrth perthi, llwyni a gwelyau blodau a allai fod yn guddfan i gathod.

Uchod: gwyliwch rhag i gathod ymweld â'ch gardd ac ymosod ar yr adar!

Cofiwch roi dŵr allan i'r adar. Bydd adar yn defnyddio dŵr i'w yfed ac i ymolchi trwy gydol y flwyddyn. Gallwch brynu baddonau pwrpasol mewn canolfannau garddio neu wneud un eich hun trwy osod caead bin sbwriel ar sgwâr o frics. Gosodwch gerrig bychain yn y canol i alluogi'r adar ddod allan cyn ei lenwi â dŵr.

Gwneud Blwch Nythu

Mae tyllau a llecynnau naturiol i adar nythu o faint a siâp gwahanol, felly defnyddiwch y mesuriadau canlynol fel canllawiau. Gellir lleihau neu gynyddu'r mesuriadau yn ôl y gofyn. Bydd angen darn o bren 150 cm o hir, 15 cm o led a 2 cm o drwch arnoch.

Llifiwch y darn pren i wneud cefn, llawr, to, wyneb ac ochrau'r blwch. Yna, gwnewch dwll yn wyneb y blwch — tua 17.5 cm o'i waelod. Bydd cylch gyda diametr o 2.8 cm yn ddigon mawr i adar fel y titw tomos las, titw mawr a golfan y mynydd fynd trwyddo.

Ar ôl gwneud tyllau traeniad bach ar lawr y blwch, gallwch roi'r ochrau — a'r llawr — wrth ei gilydd gan ddefnyddio sgriwiau neu hoelion.

Y cam olaf yw cael darn o rwber a'i ddefnyddio fel bach i gysylltu'r to gyda gweddill y blwch. Mae'n syniad da gosod bachyn a llygaid ar bob ochr i'r to er mwyn gwneud yn siŵr ei fod yn cau'n iawn.

Mae'n bosib addasu'r blwch nythu i ddenu gwahanol rywogaethau o adar trwy amrywio maint twll y fynedfa. Gallwch hefyd dorri ymaith hanner uchaf wyneb y blwch. Bydd y blwch yn awr yn addas ar gyfer robin goch, siglen fraith, gwybedog mannog a'r dryw. Mae'r gwybedog mannog yn hoff iawn o'r math yma o flychau, yn enwedig os ydynt wedi eu gosod ar wal wedi ei orchuddio â phlanhigion. Cofiwch:

● Dylech osod y blwch erbyn Ionawr neu Chwefror fan bellaf.
● Ceisiwch ddefnyddio pren tywyll i adeiladu'r blwch, i'w wneud yn llai amlwg.
● Peidiwch ag amharu ar yr adar sydd yn nythu yn y blwch — gall hyn achosi i'r rhieni adael y nyth a'r cywion.
● Glanhewch y blwch ar ddiwedd y tymor nythu.
● Gadewch y blwch nythu yn ei le trwy gydol y flwyddyn — gall rhai adar ei ddefnyddio i glwydo yn y gaeaf.

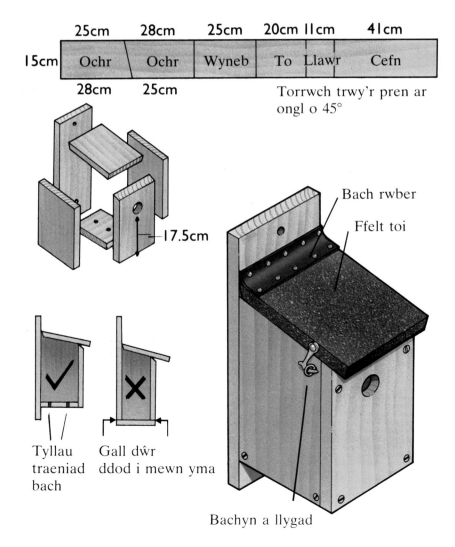

15cm	25cm	28cm	25cm	20cm	11cm	41cm
	Ochr	Ochr	Wyneb	To	Llawr	Cefn
	28cm	25cm				

Torrwch trwy'r pren ar ongl o 45°

←17.5cm

Bach rwber

Ffelt toi

Tyllau traeniad bach

Gall dŵr ddod i mewn yma

Bachyn a llygad

Rhybudd
Dylai plant gael cymorth oedolyn wrth adeiladu blwch nythu.

44